金秀瑶族服饰图鉴

熊红云　詹炳宏　欧阳剑　著

中国纺织出版社

内 容 提 要

少数民族传统服饰经历无数沧桑发展至今，记载着一个族群系统的认知和历史，是穿在身上的历史。然而在全球化和现代化大环境下，正面临着断层的命运，民族服饰穿戴者老龄化、传统服饰损坏流失使这些文化可能在不被人熟知之前就将离开人们的视野，这些美丽的服饰文化需要被记录与传播，并存活下来。本书作者通过在金秀瑶族少数民族地区实地考察，采集了盘瑶、茶山瑶、花蓝瑶、山子瑶、坳瑶 5 个瑶族支系民族服饰，对金秀瑶族丰富多彩的服饰做了详细、系统的介绍。对金秀瑶族服饰的形制、结构、图案、纹样、色彩、穿戴方法和人文内涵等各方面进行了全面系统的解析，从而审视金秀瑶族服饰的形成与构成特征。

图书在版编目（CIP）数据

金秀瑶族服饰图鉴 / 熊红云，詹炳宏，欧阳剑著．
——北京：中国纺织出版社，2019.1
ISBN 978-7-5180-5298-1

Ⅰ．①金⋯　Ⅱ．①熊⋯　②詹⋯　③欧⋯　Ⅲ．①瑶族 — 民族服饰 — 金秀瑶族自治县 — 图集　Ⅳ.① TS941.742.851-64

中国版本图书馆 CIP 数据核字（2018）第 178931 号

策划编辑：郭慧娟　　责任编辑：谢婉津
责任校对：寇晨晨　　责任印制：王艳丽

中国纺织出版社出版发行
地址：北京市朝阳区百子湾东里 A407 号楼　　邮政编码：100124
销售电话：010—67004422　传真：010—87155801
http: //www.c-textilep.com
E-mail: faxing@c-textilep.com
中国纺织出版社天猫旗舰店
官方微博 http://weibo.com/2119887771
北京雅昌艺术印刷有限公司印刷　　各地新华书店经销
2019 年 1 月第 1 版第 1 次印刷
开本：710×1000　1/12　印张：13.5
字数：133 千字　定价：78.00 元

前言

这些年来，我去过不少的城市，走遍中国的不少地方，但每每去到广西的大瑶山里，总有很多事情令人折服。

记得在金坑龙胜红瑶一位80多岁剪纸的老奶奶，眼睛几近失明，完全凭感觉在剪，可剪出的东西却精巧考究，我拿着相机跟拍了两个小时，着迷地差点没赶上回程的班车。我不禁在想：这些技艺还能存活多少年？

记得在金秀六巷乡六巷屯门头村，我花几百元从86岁的胡汉光老人手中收来了9岁度戒时的勒额和15岁恋爱时女朋友送的腰带。我不禁在想：老者为什么舍得把陪伴将近一生的东西卖给我？

记得有一年去拍红瑶的晒衣节，当我们抗着浩浩荡荡的大设备无法上山，一位70多岁的老人用本该绣花的双手，弯着腰驼着背把我们的大设备背上山背下山，守着我们一整天，就为了赚40元的搬运费。我不禁在想：这些老艺人的手，本该绣花，现在却靠卖劳力维持生活！

无名无利地坚持做一件事情，就是一种情怀，民族服饰的色彩让我为之心动，这些年来，每当看到一张张饱经沧桑的脸和一双双布满皱纹的手，除了掏干兜里所有的钱买一些绣片和旧物，不禁在想：我还能为他们做点什么？

2015年1月20日至2月12日我带领17个大二、大三学生及研究生来到了广西来宾市金秀瑶族自治县，历时24天，深入到金秀六段村、六巷乡六巷屯、帮家屯、石架屯、门头屯、下古陈屯、上古陈屯、忠良乡三合村岭祖屯等少数民族地区，采集了茶山瑶、坳瑶、花蓝瑶、山子瑶、盘瑶5个瑶族支系少数民族服饰。

少数民族传统服饰经历无数沧桑发展至今，记载着一个族群系统的认知和历史，是穿在身上的历史。然而在全球化和现代化的大环境下，传统服饰正面临着断层的命运，民族服饰穿戴者老龄化、传统服饰损坏流失使得这些文化可能在不被人熟知之前就将离开人们的视野，这些美丽的服饰文化需要被记录与传播，并存活下来。

北京服装学院 副教授 | 熊红云

引子

都说

世界瑶都在中国

中国瑶都在金秀

她像一部活态的瑶族书库

丰富多样、绚丽多姿的瑶族服饰令人叹为观止

一套套服饰犹如一幅幅精美的画卷

经过百年沉淀，散发着古朴神韵

折射出金秀瑶族丰富多彩的远古文化

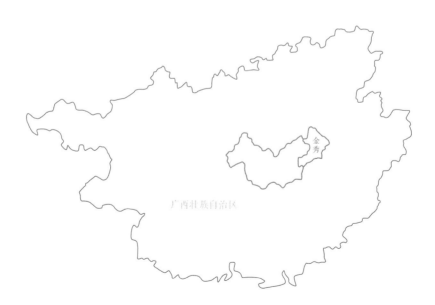

最早描绘瑶族先民衣着服饰的书是《隋书·地理志》

书中说瑶人"好五色衣裳"

《搜神记》和《文献通考》中称，瑶人"衣刺绣，亦古雅"

金秀五瑶分为盘瑶、花蓝瑶、茶山瑶、山子瑶、坳瑶

金秀瑶族服饰五彩斑斓，古色古香

一针一线挑起千般情意

瑶族姑娘身披五色霞锦，环佩叮当

瑶族小伙身着青黑服饰，干练挺拔

由头饰、胸饰、背被、腰饰、绑腿组成的

红、黑、蓝、绿、白五色瑶服

配上精美的银饰佩挂，还有腰带、挎包

衣、褂、襟、裙、头帕

刺绣上各种精美的图案

有花、鸟、虫、鱼，还有生肖动物

日、月、星、云……

无声地表述着这个民族丰富的文化

目录

盘瑶

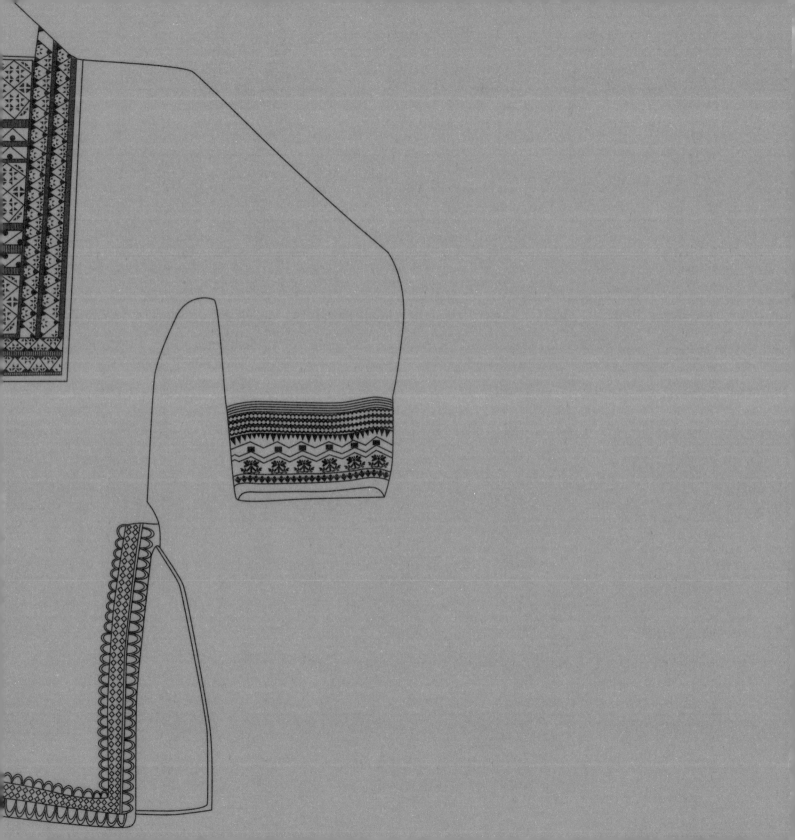

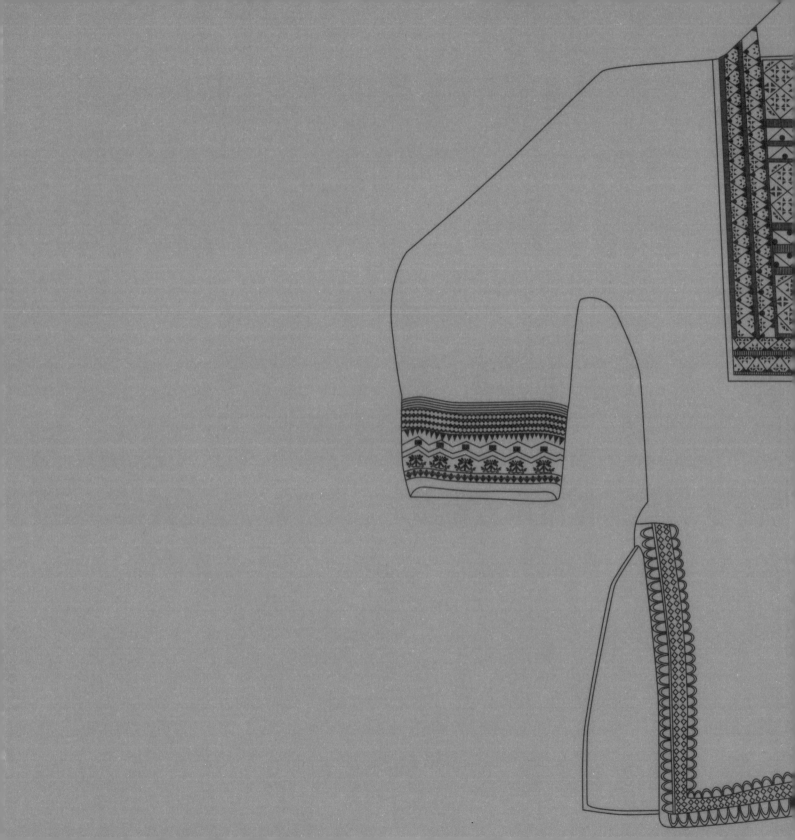

金秀盘瑶服饰（梁汉昌摄）

金秀盘瑶服饰（梁汉昌摄）

盘瑶 简介

盘瑶是瑶族传统文化的主干支系，它包含了瑶族的大部分人口，主要讲"勉语"或"标敏"方言，自称"棉"或"勉"，即是人的意思。因信奉盘王（盘瓠）而得名，又因以前盘瑶妇女所戴的帽子是木板做的，故又被称板瑶。金秀自治县境内盘瑶妇女的头部装饰有3种，即尖头、平头、红头。

盘瑶主要分布在金秀镇的六拉、共和、罗孟、金田、六段、和平；三角乡的小冲、三角、六定、江燕、甲江、龙围；忠良乡的林秀、车田、三合、双合、石鼓、德香、六干、六卜、永和；长垌乡的道江、平道、长垌、桂田、平孟；大樟乡的双化、瓦厂、新村；六巷乡的六巷、大岭、王钳；三江乡的合兴、柘山、长乐、合兴、三江等。

盘瑶男子原也留长发，结髻于脑顶，用绣花黑色长头巾绕髻缠扎，似人字形或平形，常年不除。忠良乡、金秀镇共和村一带盘瑶男性常用数条头巾缠系，头饰大如面盆，外层再围一花带，以示美观。近百年来，盘瑶男子不再蓄发，仅缠头巾，衣裤皆传统形制，劳动时喜于膝下扎绑腿。男女均喜戴手镯和戒指。妇女不留长发，喜用白色纱条缠头，配上花带和串珠；喜戴耳环；身着无领开襟衣，边缘和衣袖绣有各种几何图案花纹；用各种丝线织成的遮胸带挂于胸前；以数枚银扣固定衣襟；肩披一条宽至背中部的背裙，背裙绣有各种花纹，美丽非常；缠绣花腰带，围绣花围裙，裤脚绣有复杂的几何图案花纹；也喜戴手镯，少则两对，多者达七八对不等。现在不少盘瑶妇女仍常着此盛装。

盘瑶男女青年社会交往极为密切。男女双方相识后，愿意结成配偶，可将心愿告诉父母，若父母同意即遣媒到对方家说合，对方父母同意后即可订婚。另一种婚姻情况是完全由父母做主，但必须征求子女同意。媒人把儿女年庚送到嫁方，经巫师"合八字"后，娶方家长即与媒人带聘礼到嫁方，叫"下定"。下定即算订婚，并决定婚期。

盘瑶婚姻较为稳定，一般从一而终，离婚极少。离婚时，当事人双方砍铜钱或破竹筒对天发誓各执一半即可。若离异再嫁，"身价"钱可由石牌头人收理，嫁娶双方不能收受。

盘瑶女服

帽饰｜上衣｜褡裢｜围腰｜腰带｜裤子

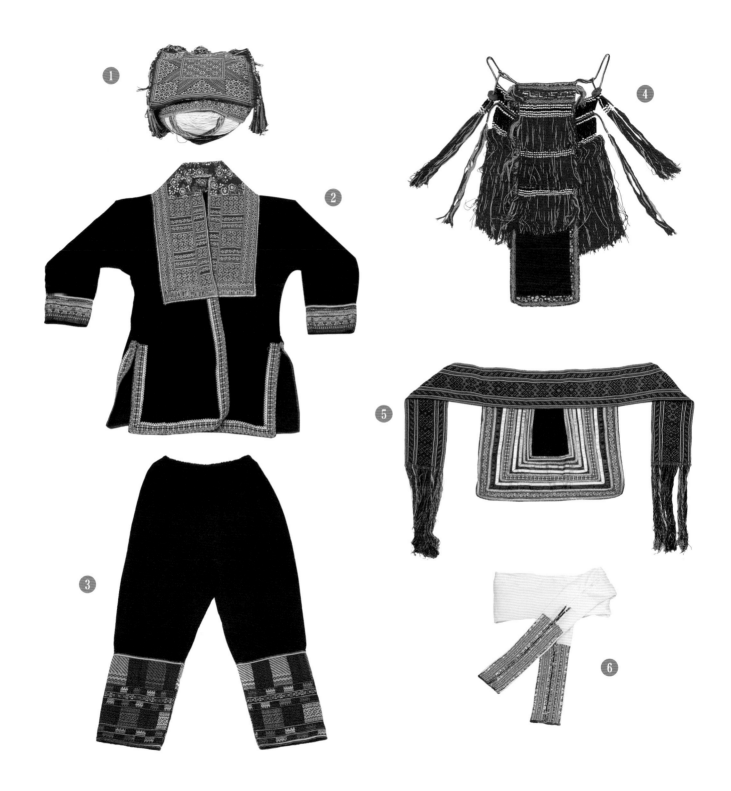

① 帽饰
② 上衣
③ 裤子
④ 裕裢
⑤ 背带／围裙
⑥ 腰带

【盘瑶女服·上装】

盘瑶绣花衣以红色为基调，色彩艳丽无比，丰富多彩，为无领开襟上衣，衣服的边、脚、袖口等处绣有各种花纹，以一枚或数枚方形银扣固定衣襟。上衣腰间系绣花腰带，围绣花围裙。

腰带

【盘瑶女服·褡裢】

前

后

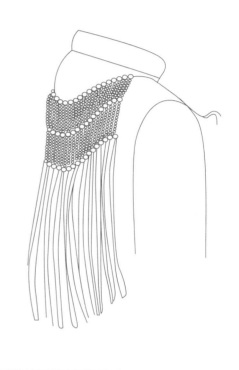

褡裢是由串珠和流苏组成的肩上挂带配饰，有两面，分别置于前胸和后背。前胸部分是用三段短流苏和黑白两色珠子拼成，后背部分是由一整条流苏和黑白两色珠子拼成。另有用各种丝线织成的遮胸带挂于胸前。

【盘瑶女服·背带/围裙】

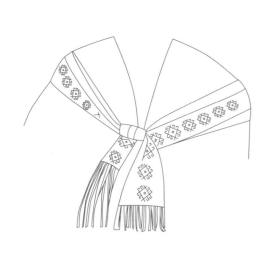

当作背带穿着时，后面的方形背裙搭在背部，带子绕过肩膀在胸前系起来。方形背裙是用蓝、白、青、红、黄五色布条镶在黑布左、右、下三边而成，背带图案有蝴蝶纹、树枝纹、蜻蜓纹等，非常美丽。有时候她们也会系在腰间，把方形背裙搭在腹部，当作围裙。

蝴蝶纹

树枝纹

蜻蜓纹

【盘瑶女服·裤子】

缘分花纹

玉米花纹

银花纹

盘瑶女裤为黑色，样式古朴，在裤脚绣有复杂的几何图案花纹：缘分花纹、玉米花纹、银花纹等。

裤子花纹细节

【盘瑶女服·帽饰】

帽饰背面

盘瑶女服特色在于"盘"。她们喜用白色纱条缠头，把绣满花纹的包头盖平整盖于头顶，边缘缀饰流苏，然后把两条小红锦带左右相交捆住里面的白色纱线，装扮时凸显白色纱条。帽子上有太阳花纹和八角花纹。

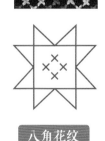

太阳花纹　　　　八角花纹

盘瑶男服

头巾 | 上衣 | 腰带 | 裤子

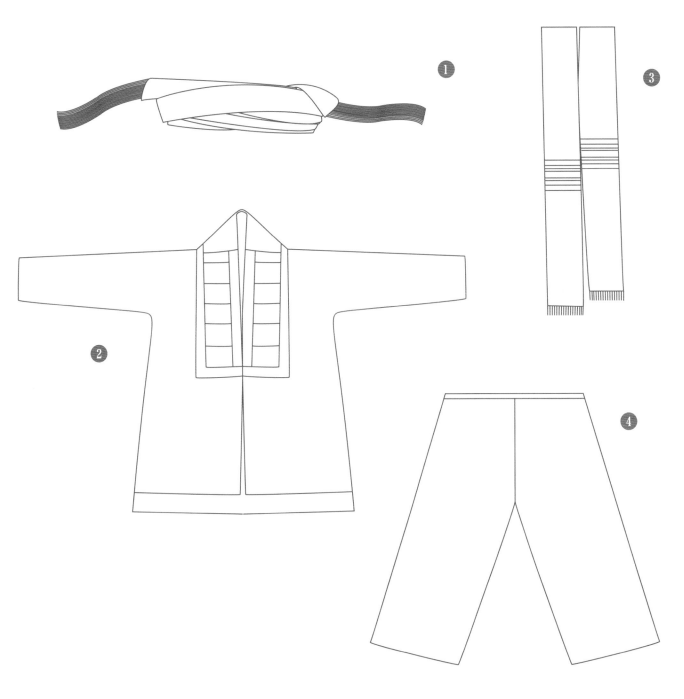

1 头巾
2 上衣
3 腰带
4 裤子

31

【盘瑶男服·头巾】

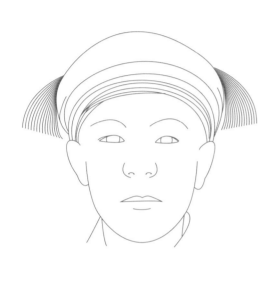

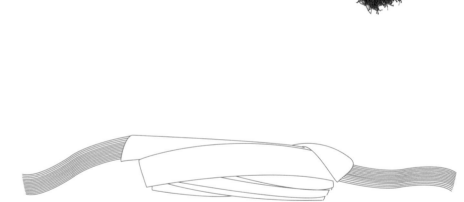

盘瑶男服简洁大方，头巾是用绣花黑色长头巾绕髻缠扎，似人字形或平形，外层再围一花带，以示美观，基本常年佩戴。

【盘瑶男服·上装】

上衣细节

腰带

　　盘瑶男子上衣为无领对襟，无纽无扣，衣襟处绣有复杂的几何纹样，衣袖及下摆边缘有一条花纹。腰带为一根长带子，列满几何格纹图案，靠近尾端有三条红纹及两条绿纹。

茶山
瑶

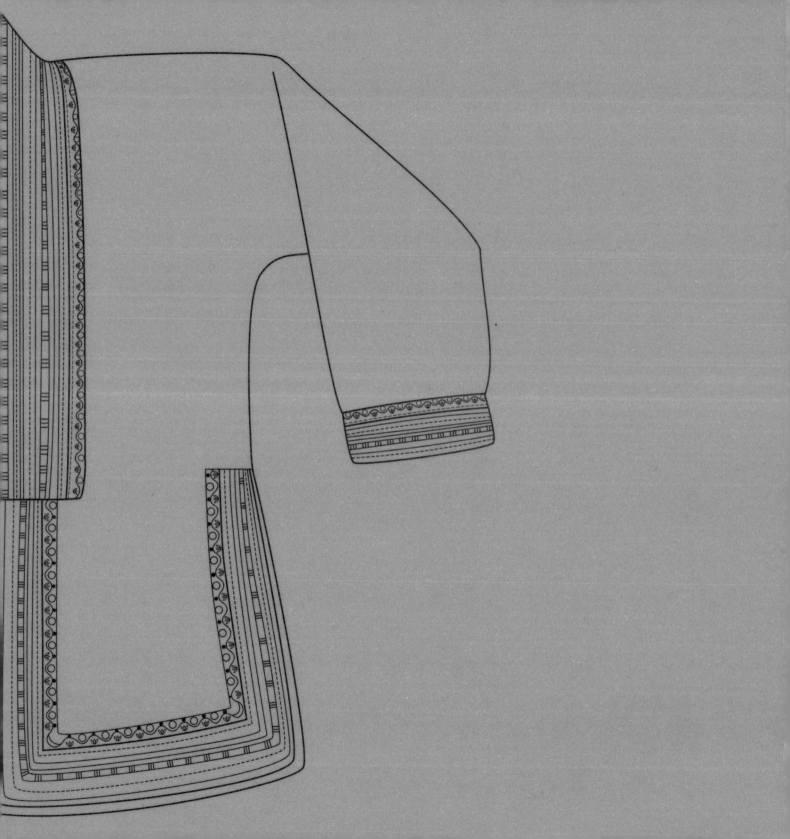

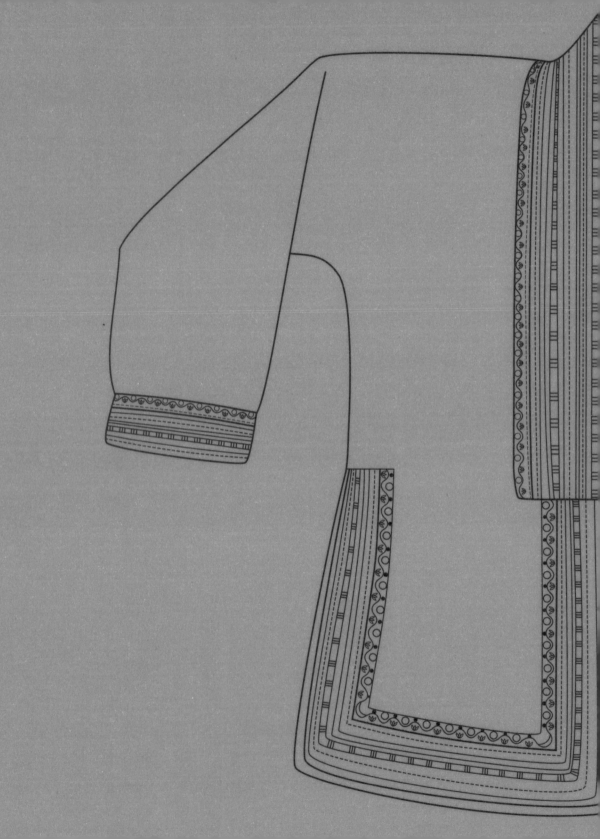

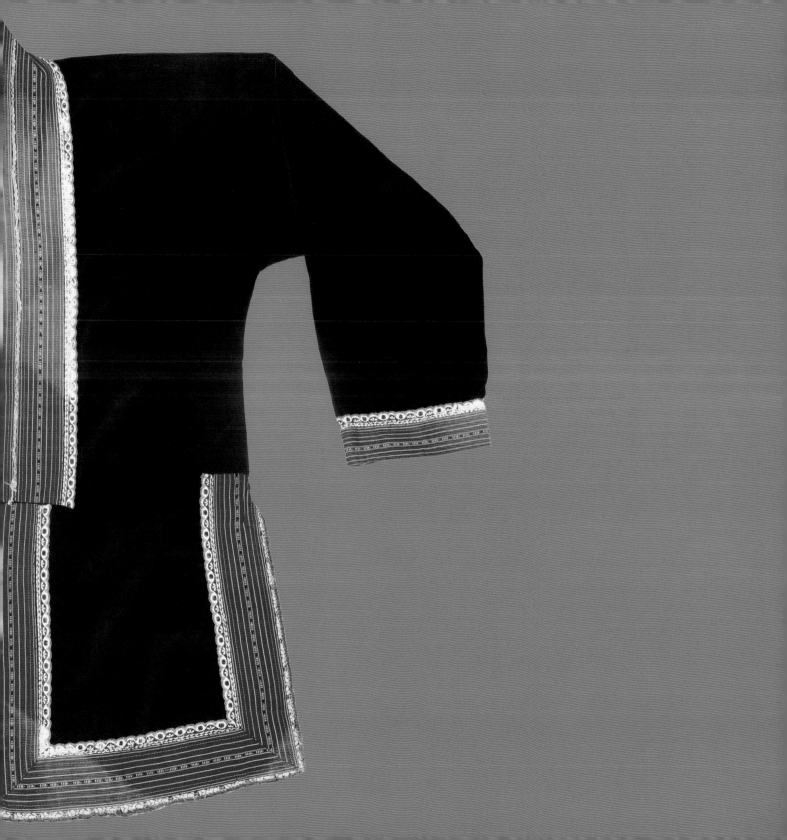

金秀茶山瑶服饰（梁汉昌摄）

金秀茶山瑶服饰（梁汉昌摄）

茶山瑶

茶山瑶因住地得名，"茶山"是广西大瑶山北部历史上的一个地名。茶山瑶自称"拉珈"，意为住在山上的人。

茶山瑶主要分布在金秀瑶族自治县的各个村寨，但是很多不同的村寨都有各自迥异的服装。如六段村茶山瑶是黑衣黑裤配围裙，头上戴三根月牙形银片做成的头饰。岭祖茶山瑶是蓝染长袖衫配无袖罩衫，长裤配短百褶裙，外加围裙，头上戴头帕。各个茶山瑶最大的不同是他们的头饰，她们的头饰大致分为四种样式：银钗式、银簪式、竹篾式、头帕式。

茶山瑶主要分布在广西金秀瑶族自治县的中、北部和金秀河两岸的村落。自古生活在广西大瑶山深处的茶山瑶，其住房屋深、门多、墙高，一道房门就是一道防线，高耸的屋墙成了易守难攻的壁垒。因受汉族文化的影响，房屋建筑又有古色古香的韵味，其建筑形式大体分为狭长式和横阔式两种。狭长式的房屋大多建在深山里。几十户大小的村寨中，面阔一间并开正门，室内隔间向纵深排列，从正门到后门有7道门之多。正门是大门也是第一道门，是家族的门面，被视为招财进宝和迎接贵客之门。对开门扇高大厚实，门槛上设两扇雕刻彩绘的矮门，天热开大门通风时，可以防止禽畜入户。大门两侧挂有木刻大字对联，大门墙面的屋檐下则画有七彩画卷。

茶山瑶结婚接亲时，不吹唢呐，也不抬花轿，更不敲锣打鼓放鞭炮。而是男方派房族兄弟数人，半夜打着火把去迎接新娘。女方家里每一重门都点上一盏油灯，照着迎亲房族。房族兄弟吃罢领情饭之后，就将新娘接走。陪同新娘的有新娘的房族姐妹数人。接亲正值午夜，新娘离开村寨是悄悄的，外人几乎不察觉。新娘到新郎家时，酒席已经摆好，虽很简单，却很温馨。等到旭日东升，新娘新郎就扛着锄头下地劳作，遇上外人，双方已然夫妇。

茶山瑶女服

帽饰 | 上衣 | 裤子 | 绑腿

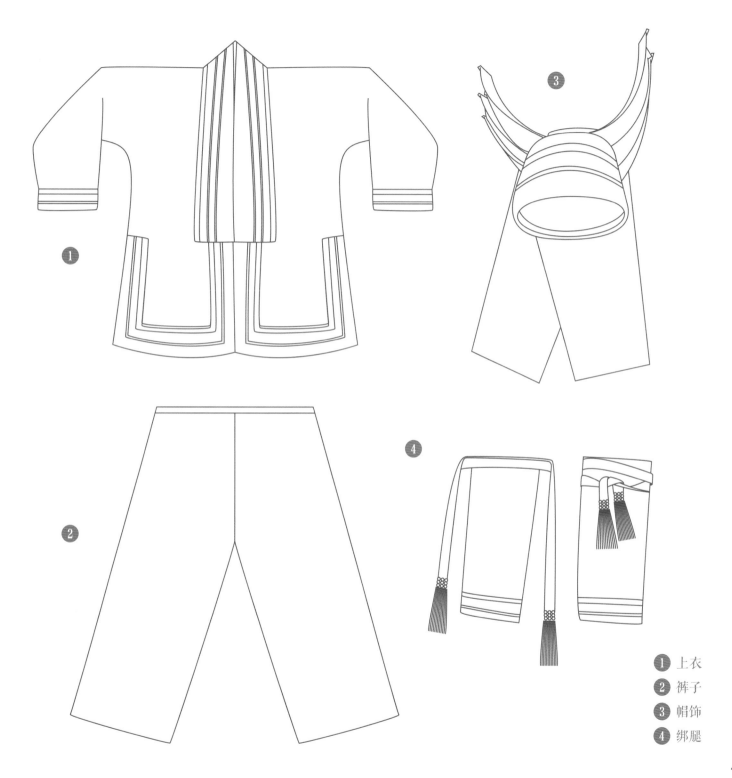

① 上衣
② 裤子
③ 帽饰
④ 绑腿

【茶山瑶女服·上衣】

茶山瑶女服整套服装以黑红色为主，穿的时候多以左襟压右襟，用腰带系稳。上衣的装饰都在红色的区域，红色线条的边缘有少量绿色相映衬，还有些茶叶的图形在旁边点缀。这套黑红色的服装主要在秋冬季节穿着，在春夏季节则主要穿蓝白色服装。

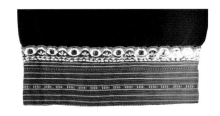

袖口细节

衣襟细节

【茶山瑶女服·下装】

绑腿

茶山瑶女服的裤子均为黑色,有一个脚套,绑腿绑在脚套上。绑腿为一条较细的带子,带上只有一条黑色条纹装饰,两端有流苏,流苏由四到五排彩珠系起来,彩珠的颜色分别有红、黄、绿、蓝、白几色。

【茶山瑶女服·帽饰】

她们的头饰为银色质感，形状弯曲似牛角，所以被叫作银弧式，为成年妇女头饰。其头饰形似牛角可能是对水牛的一种模仿。旧时茶山瑶对牛十分爱护，道公不吃牛肉，而且部分地区的茶山瑶可能经历过牛图腾的信仰时期。

茶山瑶男童服

上衣 | 裤子 | 帽饰

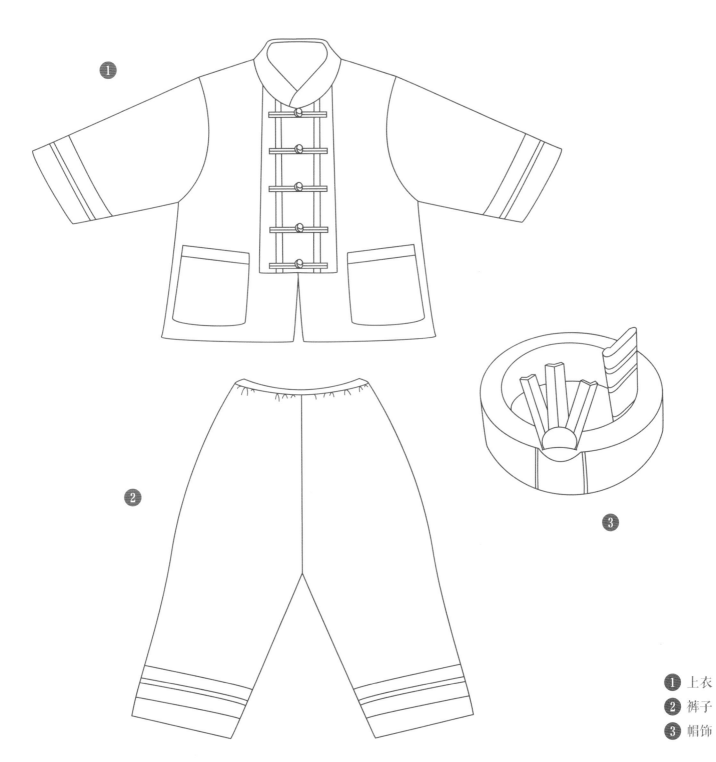

① 上衣
② 裤子
③ 帽饰

【茶山瑶男童服】

　　男童服的颜色也以黑、红两色为主，上衣为对襟布扣形式。男童服的红色装饰部分集中在对襟、袖口和口袋边缘，装饰边缘没有绿色的装饰图案，也没有茶叶图案，整体看起来简洁大方。帽子上的装饰和上衣的装饰相似，不同的是多了少许黄色和绿色的线条。裤子为黑色，近裤口处有一条花边，与袖口的花边一样。

帽饰

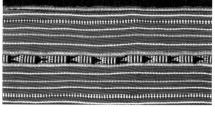

花边细节

岭祖茶山瑶女服

头巾｜上衣｜围裙｜裤子｜绑腿｜草鞋

金秀岭祖茶山瑶女服

金秀岭祖茶山瑶女服

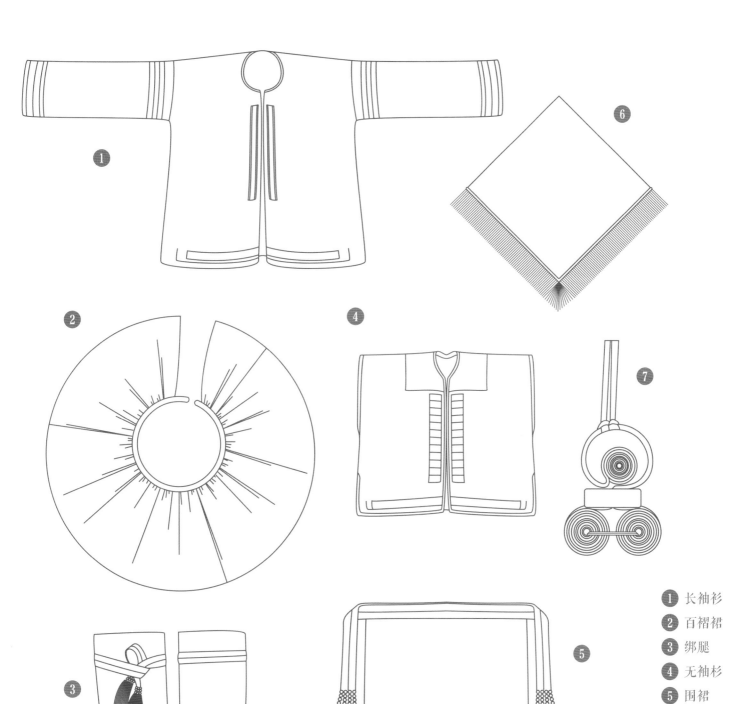

1 长袖衫
2 百褶裙
3 绑腿
4 无袖杉
5 围裙
6 头巾
7 耳饰

59

【岭祖茶山瑶女服·上衣】

长袖衫

无袖衫

岭祖茶山瑶女子上衣为蓝染套衫，分为长袖对襟衫和无袖对襟罩衫。窄袖小领口，非常小巧精致，少量刺绣装饰分布在衣襟、衣摆和袖口处，朴素大方。

百褶裙

围裙

绑腿

岭祖茶山瑶女子下装穿长裤，再穿百褶短裙，短裙外围花式图案围裙，小腿上系绑腿。岭祖茶山瑶绑腿为蓝染土布，只在底部有刺绣，上面有万字纹、菱形纹、人形纹等。绑腿系在小腿肚上，用红色织锦绑腿带捆紧，将流苏整理好，在上面打结。

【岭祖茶山瑶女服·头巾】

岭祖茶山瑶女子头巾为方形，两边缀有流苏，将 A、B 两点合在一起，用流苏系紧。头发挽发髻盘于头顶，最后将头巾盖在头上，从中露出发髻。

【岭祖茶山瑶女服·耳饰】

　　岭祖茶山瑶耳饰较大，由三个旋涡形图案的银饰组成。由于大而重，佩戴不便，因而今天人们将其用绳子绑上，系在头发上，垂挂在耳际。

岭祖茶山瑶男服

帽饰｜上衣｜裤子｜绑腿

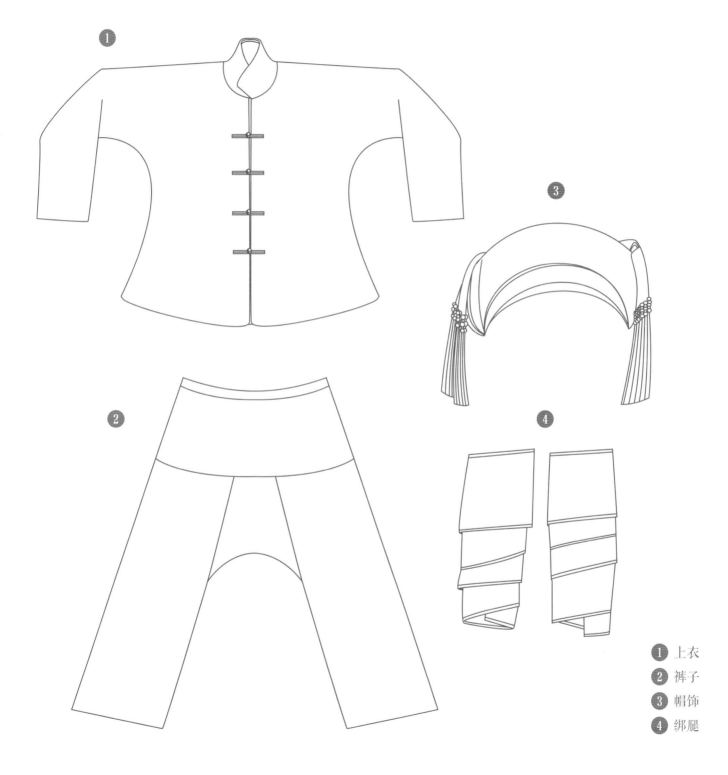

1 上衣
2 裤子
3 帽饰
4 绑腿

【岭祖茶山瑶男服·上装】

帽饰

岭祖茶山瑶男服较朴素，没有过多的花纹装饰。上衣为对襟布扣传统服装，蓝黑色。帽饰是一条两端有流苏的带子，穿戴的时候将这条带子绕在额头上，将两端的流苏放置在两旁。流苏由九到十排的黑白珠子串起来。

上衣

【岭祖茶山瑶男服·下装】

绑腿

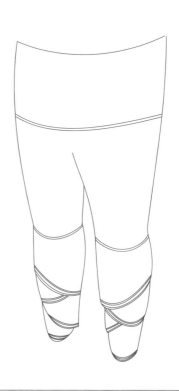

下装为黑色土布长裤，用蓝靛草染成，非常宽松，穿的时候有两个腰那么宽。绑腿由麻布制成，绑腿的边缘有两条黑色的装饰线。

花
蓝
瑶

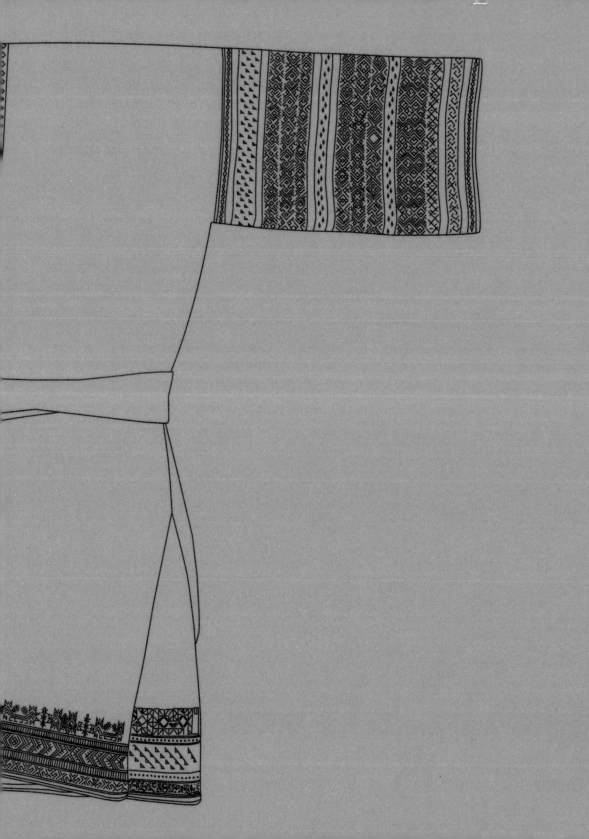

金秀花蓝瑶服饰

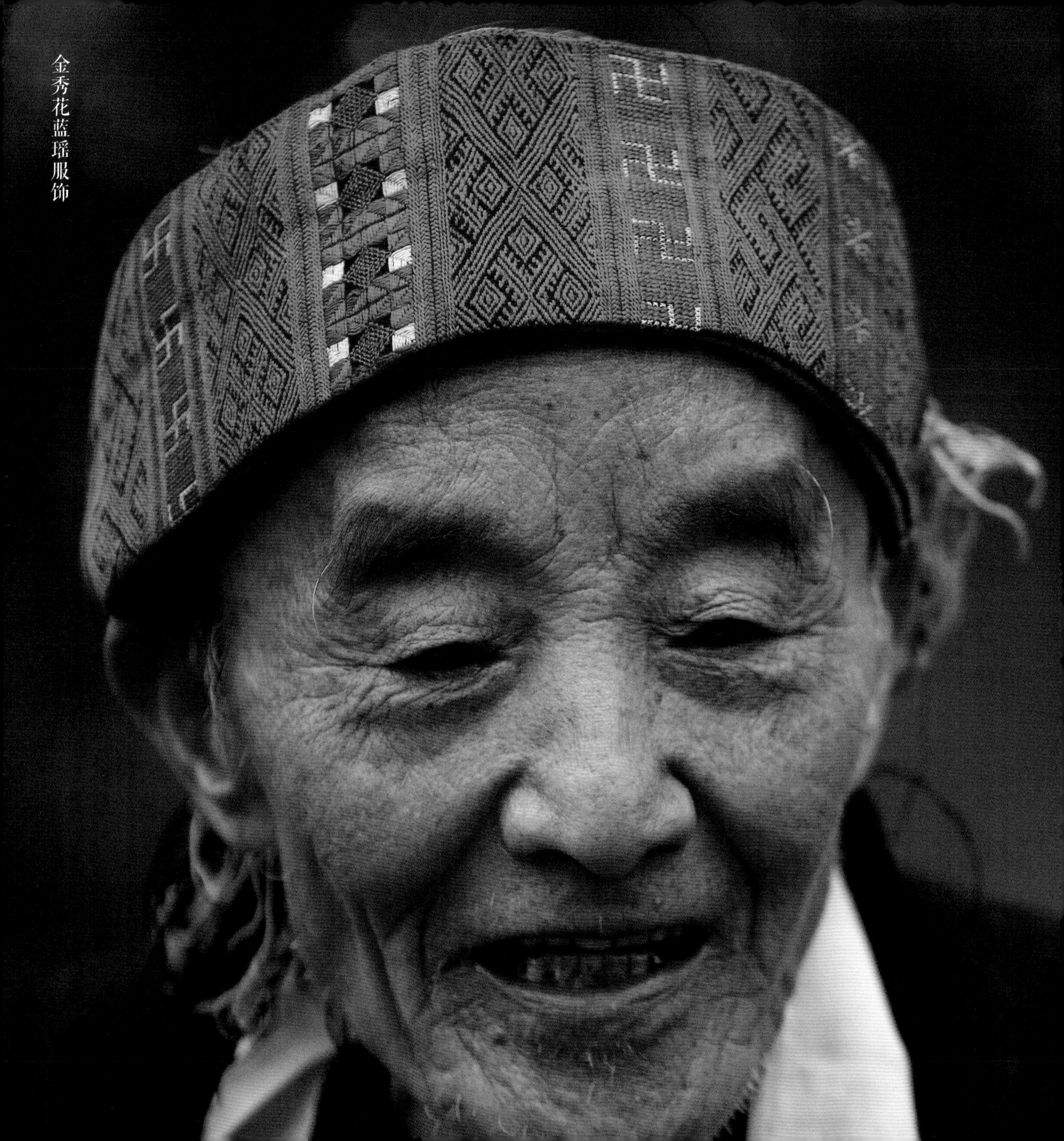

花蓝瑶

简介

花蓝瑶妇女服饰皆绣有精美图案，色彩斑斓，特别是绣上蓝花，栩栩如生，"花蓝"也就是花花蓝蓝或花花绿绿的意思，"花蓝瑶"由此而得名。金秀花蓝瑶主要分布在县内中部和西南部。主要集中在六巷乡的门头、古卜、王桑、大凳，罗香乡的罗丹、丈二、六团，长垌乡的大镇、龙华等自然村。

六巷花蓝瑶男女上衣均为无领对襟、无纽无扣、两侧开深衩、长及膝、短大袖的古老服装。男衣不挑花，女服的两袖、衣襟、衣摆、背后挑有色彩斑斓、图案独特的花纹。穿衣时将衣襟重叠，腰带拦腰系住，跟古人差不多。男女都着黑色粗布短裤，女性短裤不过膝，男性短裤过膝。男女都扎绑腿，男性绑腿无图案装饰；女性绑腿有图案装饰。打绑腿时由下往上扎，女性露膝，男性连裤脚扎住，再用手指宽的丝线带束之。饰品以银器见多。银饰主要有头簪、头钉、耳环、颈圈、银马、吊牌、扁钏、龙头钏、戒指、烟盒、火柴盒等。

长垌、罗香花蓝瑶女子上衣是无领对襟黑衣，不绣花纹图案，用红色丝线彩带镶边。着衣时，衣襟左右重叠，束上腰带围裙。若盛装，则穿多件衣裳，里面着长袖，外面衣袖依次减短，让人一看就知道穿衣件数，以示富丽。捆腰时将腰带对折成 10 厘米宽，绕腰两圈打结，带头吊在身后。扎围裙时裙带覆盖腰带，裙带头与腰带头排列吊在身后。女裤做成人字形便裤，较短，普遍都是不过膝，膝下套脚笼。脚笼套住小腿，上端用两头带串珠的小丝线带束之。女子头饰有高髻和平髻两种不同的样式，据说高髻是老辈传承下来的，平髻是演变形成的。日常多饰平髻，只有在结婚等重大时日才饰高髻。男子古时穿的服装为对襟无领、铜扣上衣，过膝宽脚短裤。蓄长发结髻于脑后，缠黑头帕。

在花蓝瑶的观念中，天地间万物和人一样，都是有灵性的，因此他们对天地崇拜，对日月崇拜，对天星崇拜，对风、雨、云、雷、电崇拜，对虹崇拜，对山岩、河流崇拜，对山神敬畏以及对祖先崇拜，他们自觉对其顶礼膜拜，以祈求保佑。

花蓝瑶女服

帽饰｜上衣｜领襟｜腰带｜裤子｜绑腿

84

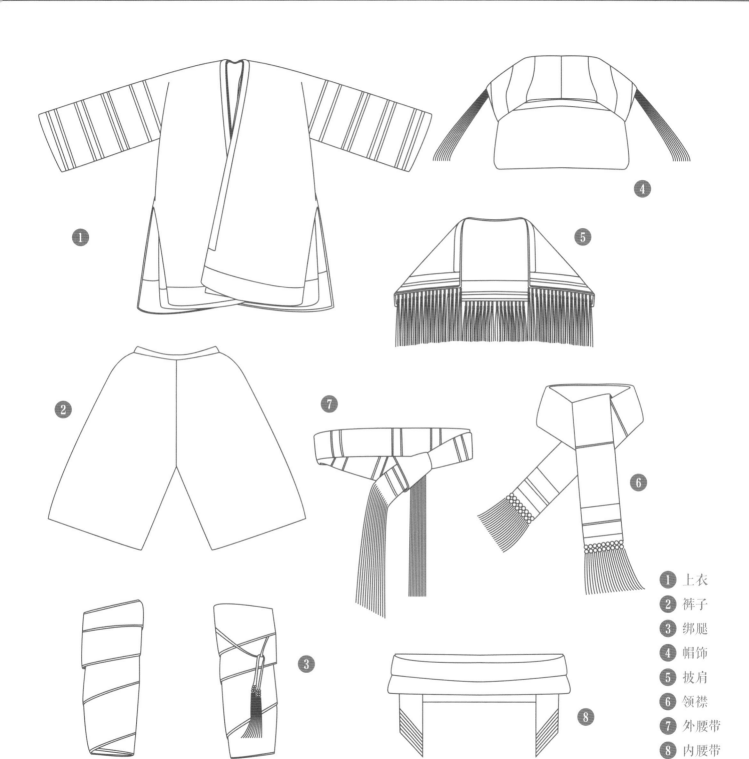

1 上衣
2 裤子
3 绑腿
4 帽饰
5 披肩
6 领襟
7 外腰带
8 内腰带

【花蓝瑶女服·上装】

披肩

内腰带

外腰带

花蓝瑶女服上衣为无领对襟、无纽无扣、两侧开深衩、长度及膝、短大袖的样式。两袖、衣襟、衣摆、背后绣有色彩斑斓、图案独特的花纹。穿着时将衣襟重叠，用腰带拦腰系住。腰带有内外两条，系在里面的腰带为白色，外面的腰带为红色。

【花蓝瑶女服·上衣衣袖细节】

水蚂蝗纹

蛇皮花纹

花篮瑶女服上衣的花纹主要集中在袖口、衣襟、衣摆和衣背上。上衣袖口上分别有水蚂蝗纹、蛇皮花纹、蝴蝶花纹、花绣纹和片片花纹等。

  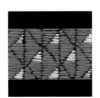

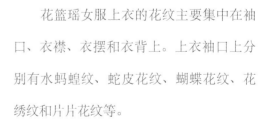

蝴蝶花纹　　　　　花绣纹　　　　　片片花纹

【花蓝瑶女服·上衣衣摆细节】

鸟肚子纹

筒虫纹

水瓜马纹

上衣花纹最多的地方在衣摆部分，分别有鸟肚子纹、筒虫纹、水瓜马纹、半圆花纹、鱼鳃纹和马纹等。

半圆花纹　　　　　鱼鳃纹　　　　　马纹

【花蓝瑶女服·上衣衣背细节】

衣背纹

大水瓜花纹

衣背上的花纹为衣背纹和大水瓜花纹等，主要为红、黄、白三色。

【花蓝瑶女服·领襟】

人形纹

菱形纹

领襟为白色，两端为黑色绣花，底部缀有珠子和流苏，黑白配合，相得益彰。领襟可以垂挂也可以打结，上面有人形纹和菱形纹等花纹。

【花蓝瑶女服·腰带】

剑鞘纹

松柏树纹

花蓝瑶女服外腰带为黑底橙红色丝线织成，腰带上纹饰多样、寓意丰富，腰带两端缀有红色流苏，精美异常。

龙头纹　　　　小蜡虫纹　　　　大银花纹

【花蓝瑶女服·下装】

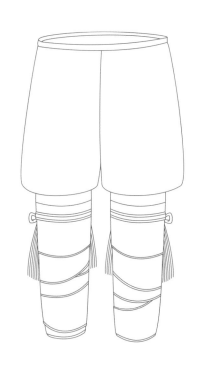

下装女裤为黑色粗布短裤，不过膝，
扎绑腿。打绑腿时由下往上扎，露出膝盖。
绑腿用一条红色流苏带系紧后，垂挂于小
腿两侧。

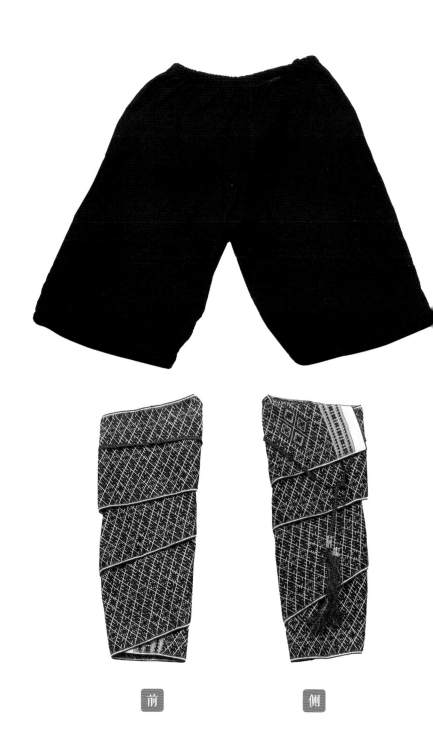

前　　　侧

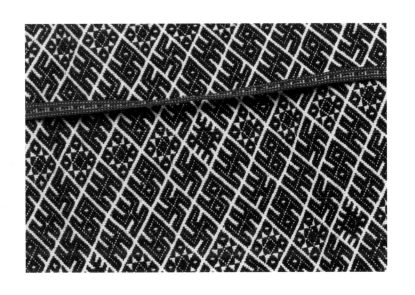

王字纹

万字纹

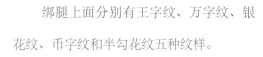

绑腿上面分别有王字纹、万字纹、银花纹、币字纹和半勾花纹五种纹样。

银花纹   币字纹   半勾花纹

【花蓝瑶女服·帽饰】

正面

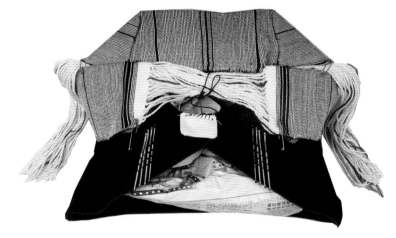

背面

花蓝瑶成年女子头饰，以耳为界，将头发分成前后两部分，后半部分头发挽至头顶、扎牢、结髻。前半部分头发倒向前额，抹上猪油，中老年妇女于平眉处，青年妇女于眉上一指处，再把头发折平整倒挽至头顶结髻，用银夹夹之，用布条缠扎成发帽状，俗称"头发帽"。

【花蓝瑶女服·背袋】

| 勾勾花纹 | 八角花纹 | 韭菜花纹 |

花蓝瑶背袋由一块黑布缝制而成，中央绣一个正方形图案，由八角花纹和勾勾花纹围绕韭菜花纹构成。两边有两条红色肩带，花蓝瑶妇女无论是日常劳作还是贸易往来都背着，实用性与美观性并存。

花蓝瑶男服

勒额 ｜ 围脖 ｜ 上衣 ｜ 腰带 ｜ 挂腰 ｜ 裤子 ｜ 绑腿

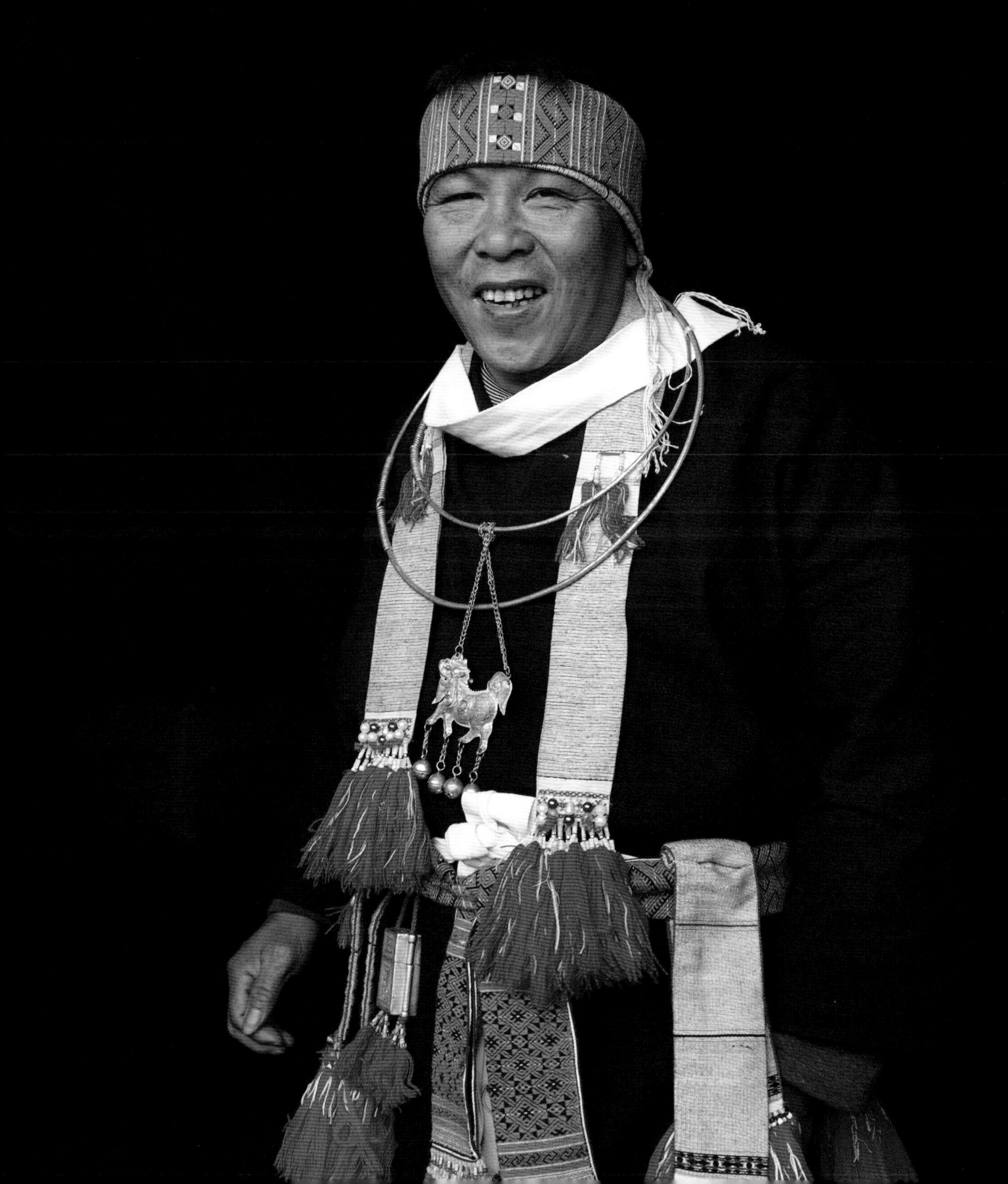

金秀花蓝瑶男服

98

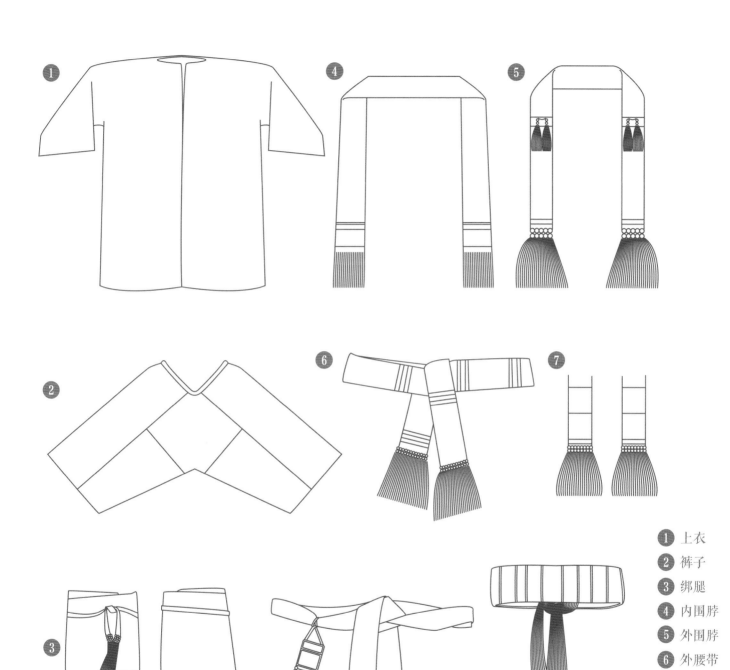

1 上衣
2 裤子
3 绑腿
4 内围脖
5 外围脖
6 外腰带
7 挂腰
8 内腰带
9 勒额

【花蓝瑶男服·上装】

花蓝瑶男子上衣和女服相似，也为无领对襟、无纽无扣、两侧开深衩、长及膝、短大袖的形制。

【花蓝瑶男服·配饰】

外围脖

内围脖

内腰带

外腰带

挂腰

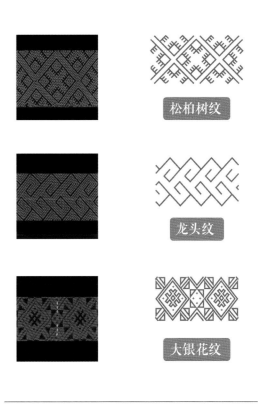

松柏树纹

龙头纹

大银花纹

　　花蓝瑶男子的围脖分为外围脖和内围脖。内围脖为白色，外围脖为灰色几何纹样式，底端均缀有流苏。挂腰共有四个，前后各两个，为灰色几何纹样式，底端缀有红色流苏。腰带也有内外之分，内腰带为白色，底端有黑色绣花；外腰带为黑底红色丝线绣几何纹样式，底端缀有流苏，纹样与女服上的纹样相同。

【花蓝瑶男服·下装】

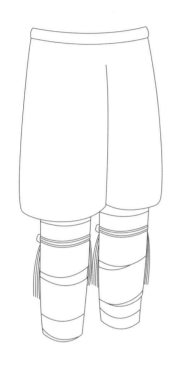

男服下装也是黑色粗布短裤，过膝，扎绑腿，绑腿连裤脚一起扎住，再用手指宽的丝线带束之，绑腿没有花纹。这种裤子因为实际制作时，手工布幅较窄，所以制作中有不同程度的拼接。

前　　　　　　侧

【花蓝瑶男服·勒额】

外部

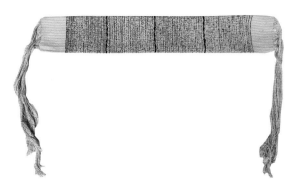

内部

花蓝瑶成年男子的头饰，过去留长发挽髻于头顶，插特制银簪头钉，包红花头巾。现在虽不再蓄发结髻，但包红花头巾的习俗却一直沿袭下来。

花蓝瑶女童服

帽饰｜上衣｜腰带｜裤子

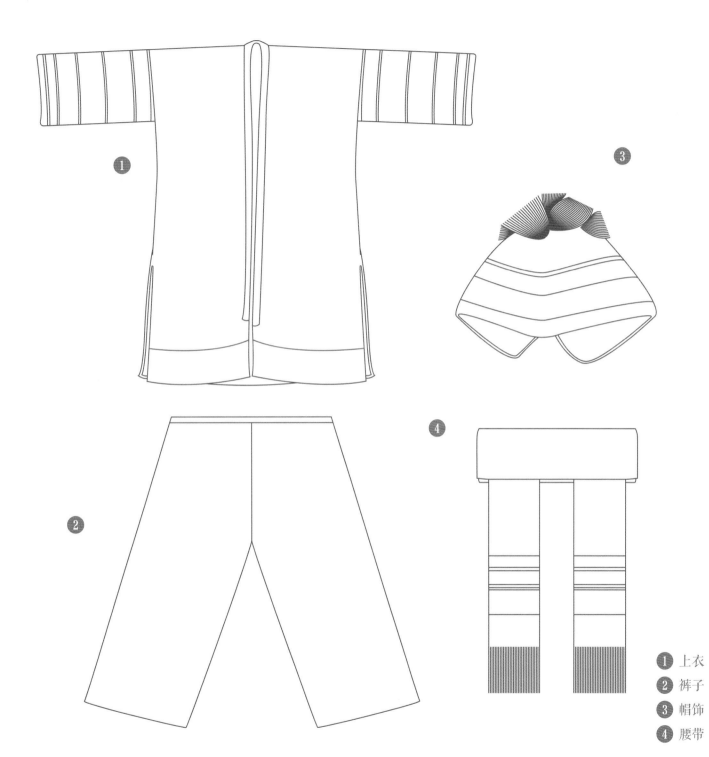

1 上衣
2 裤子
3 帽饰
4 腰带

【花蓝瑶女童服·上装】

花蓝瑶女童上衣保持了较为古老的对襟衣型，长可及膝，左右侧缝开衩。穿着时将衣襟重叠，用腰带拦腰系住。衣服通体以黑红色为主，袖子下半部分以红色及花纹为主，衣服开衩下摆同样以红色及花纹覆盖。

上衣衣襟细节

腰带

腰带细节

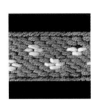
蛇皮花纹

蝴蝶花纹

水蚂蟥纹

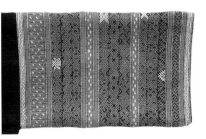
上衣袖口细节

上衣衣摆细节

　　花篮瑶女童腰带以白色为主，两端以白色流苏结尾。腰带两端有松柏树纹，以黑色为主，腰带在女童身后打结，整个腰带十分素雅。上衣袖口与衣摆的花纹与成年女服相同，有蛇皮花纹、蝴蝶花纹、水蚂蟥纹等。

【花蓝瑶女童服·帽饰】

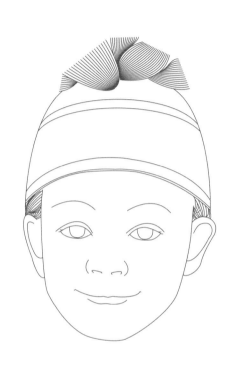

正面

背面

帽顶

　　帽子以红色为主，伴有黄、白、绿、黑色纹样，纹样以万字纹、米字纹、回形纹、八角花纹为主。帽顶为茸毛状装饰，内衬为黑色。帽子在背面开衩，配色大胆协调，尽显华丽贵气。

花蓝瑶男童服

勒额 | 上衣 | 围脖 | 腰带 | 裤子

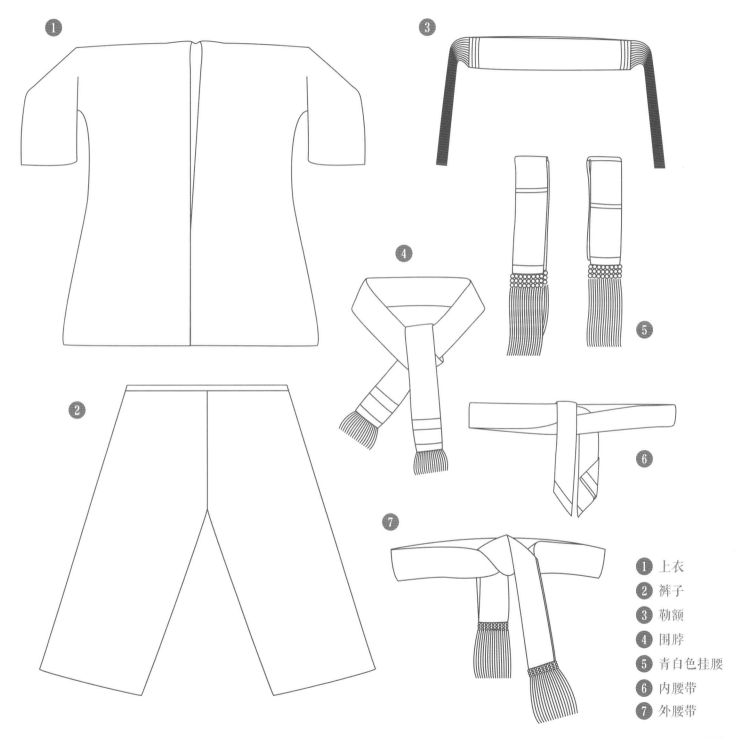

1 上衣
2 裤子
3 勒额
4 围脖
5 青白色挂腰
6 内腰带
7 外腰带

113

【花蓝瑶男童服·上装】

男童上身穿青褐色无扣交领对襟衣，白布挑绣腰带或五彩腰束打结垂至下腹，并在腰两侧悬挂两条青白色挂腰。花蓝瑶男童服上的花纹集中在帽饰、围脖和腰带上。

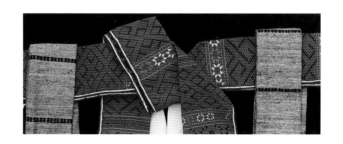

腰带穿插细节

围脖

青白色挂腰

外腰带

内腰带

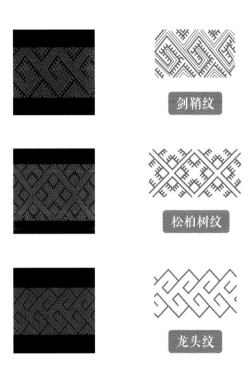

剑鞘纹

松柏树纹

龙头纹

花篮瑶男童腰带编制精美、色彩鲜艳，为灰、白、红三条布帕，白色在最里面，其次是红色，在腰带左右各挂一条青白色挂腰，腰带上的花纹主要有剑鞘纹、松柏树纹和龙头纹等。

【花蓝瑶男童服·勒额】

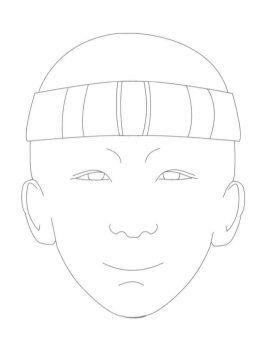

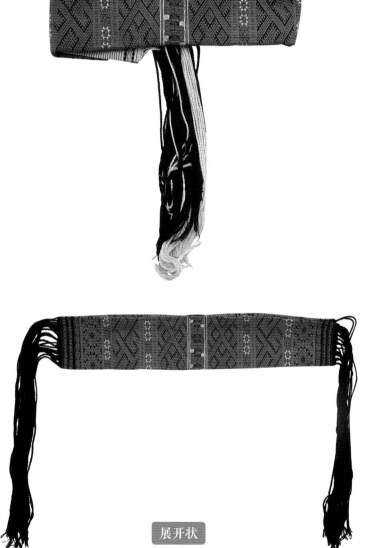

展开状

花篮瑶男童勒额头巾多为两层，内层为白色头帕，深色与红色图案交织；外层为红色头帕，图案为深色方格纹样与绿、黄、白色八角花纹样等。

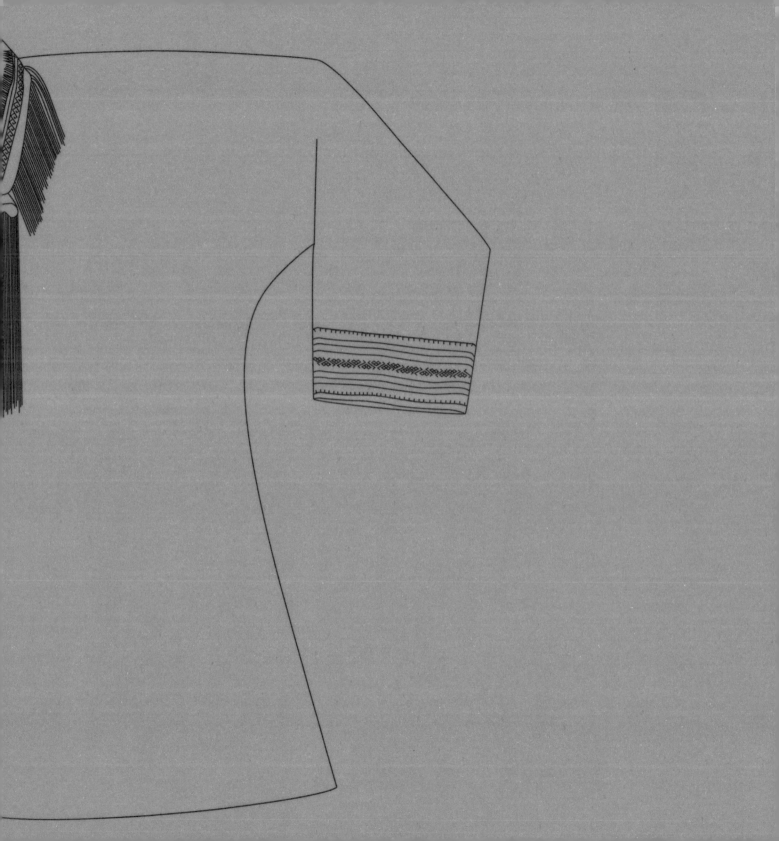

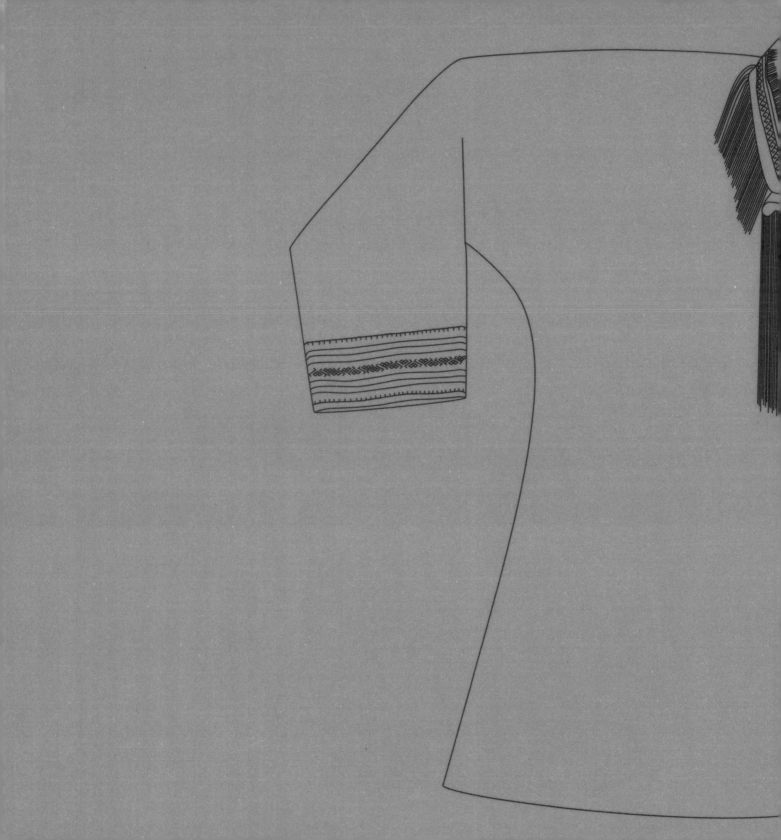

金秀山子瑶服饰（梁汉昌摄）

山子瑶

山子瑶一般都穿立领斜襟服饰，用黑、紫色布制成。着长裤，饰品有头钗、头钉、头针、耳环、颈圈、烟盒等。妇女服装多有挑花、刺绣，特别是头巾和领巾。山子瑶的服饰大体上比较红艳。头饰用多块黑底绣布依次叠放，前边露出大红的绣花。圆形顶箍之下，用红色毛线缠绕，背后插着带有坠链的银簪。山子瑶上衣有寸来高的绣花立领，前襟有别于其他瑶服，是如旗袍似的两个扣子之后斜到腋下。最绚丽的是腰带，有白的、红的，缠在罗裙之上，在背后打结参差坠下，带尾丝绦串珠留穗，走起路来飘摇摆动。山子瑶的节日，除了过春节、端午节等外，最隆重的是盘王节。祭祀盘王一般都在每年古历十月十六日进行。祭祀盘王的仪式，过山瑶称"还盘王愿"，平地瑶称为"踏歌堂"，山子瑶称为"跳盘王"。山子瑶跟临近的坳瑶和盘瑶一样，对"猎神"格外崇敬，每逢猎获野兽都要请师公作法，用整个猎物祭奠后，才能剖兽分食，此外还用酒、茶、果等供祭。山子瑶没有社庙，为了方便祭祀，以石头为神的象征，供于大树之下。

山子瑶宗教文化十分丰富，风情奇特，婚恋、喜庆、祭祀、交往等，充满山野情趣。如婚仪"新娘不过木桥和竹楼""拦新娘""吃分饭"等十分有趣。祭祀活动中的"度戒"（一种传授宗教法术的形式）"跳香火"（祭祀祖先的歌舞表演）"求花娘"（祭祀花婆神求子的原始宗教）"过火炼"（踏过通红的火炭消灾灭难的硬功表演），优美动听的山子瑶乐神歌、风情歌，以及各种民间故事，都有较高的科研价值和欣赏价值。

山子瑶婚姻制度相对简单。整个过程大致可以分为说亲、合年庚、订婚、结婚、回门几个阶段。青年男女喜欢以唱歌的形式谈情说爱，如青年独特的对螃蟹歌。但这不意味着是选择配偶，因为他（她）们的婚姻必须由父母做主，并在本人同意下才能成立。成婚时，双方要吃合酒饭，听取双方家长、亲人训诫后，婚礼完毕。

山子瑶女服

帽饰｜上衣｜披肩｜腰带｜围裙｜裤子｜绑腿

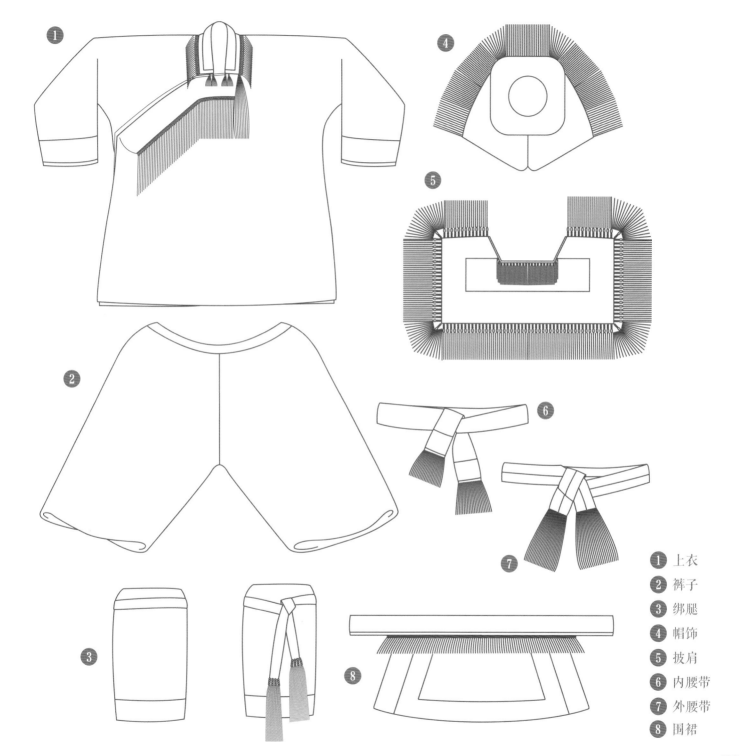

1 上衣
2 裤子
3 绑腿
4 帽饰
5 披肩
6 内腰带
7 外腰带
8 围裙

【山子瑶女服·上装】

围裙

女子的上衣为右衽大襟，用黑色土布制成。衣领以白布为料，用红丝线绣成200多朵狗牙花、70朵双勾花和70朵桢板花。衣襟镶有织锦花带，织带织有数百朵小刀尖花、荷包底花。颜色以大红为主，间有黄、蓝、绿等色。袖口亦镶有彩色织带。

内腰带

外腰带

【山子瑶女服·下装】

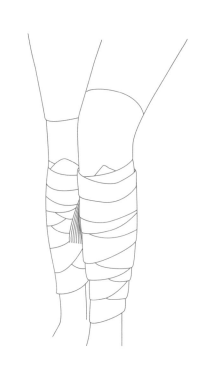

绑腿（腿套式）　　　　绑腿（带子式）

女子的裤子比男子的裤子稍微短些，在膝盖上下的位置。绑腿以黑色为主，系带有白色珠子以及流苏。绑腿有两种，一种是腿套式，由一根带子系紧；另一种是带有刺绣的带子式。

【山子瑶女服·披肩】

山子瑶女服的披肩在一块长方形黑布上绣满红色鸟纹、犬齿纹等纹饰，四边有丝绦串珠留穗，靠近后颈的部分缀有更为密集的一排流苏。披肩整体美观大方，走起路来飘摇摆动。

鸟纹   犬齿纹   菱形纹

【山子瑶女服·帽饰】

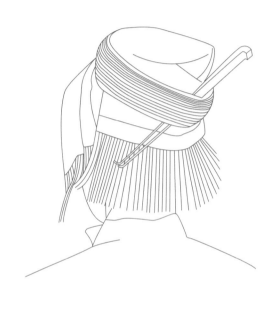

八角星纹

山子瑶女子均蓄长发，用一个竹箍套在发髻外，用多块绣花头巾错叠罩于箍外，再用红毛线缠于头箍四周，插上银簪，典雅大方。黑头巾中间用白丝线绣成一个太阳花，上面为八角星纹。

山子瑶男服

帽饰 | 围巾 | 上衣 | 腰带 | 裤子

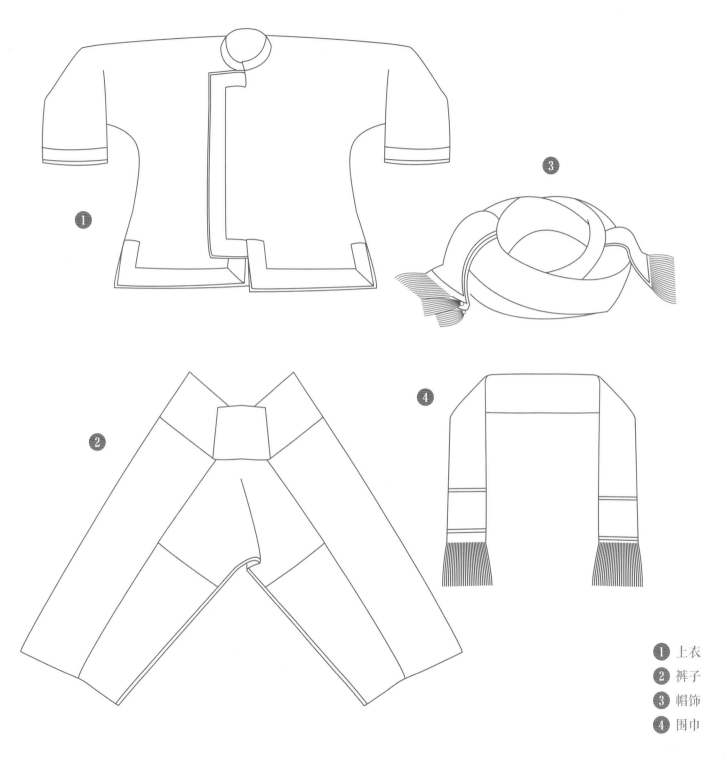

1 上衣
2 裤子
3 帽饰
4 围巾

【山子瑶男服·上衣/裤子】

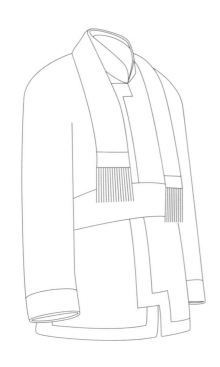

山子瑶男子的上衣以黑布为料，过去为左衽大襟，不绣花，无织带；现在多为右衽大襟，衣领、衣襟、衣摆、衣袖均镶有红色织锦花带，安布扣。穿时扎上白色腰带。裤子为黑色，裤腰位置为深蓝色，宽松舒适，男裤比女裤稍长。

【山子瑶男服·围巾／帽饰】

围巾

帽饰

锯齿纹

X 菱形纹

手拉手人形纹

山子瑶男子头部戴头巾，其头巾宽 1 尺、长 1 丈 5 尺，两端分别用红、黄、绿三色丝线绣成 420 朵犬牙花。穿戴时将头巾对折成三层，交叉盘缠于头上。既可以在炎热的夏天遮太阳，也可以在劳作的时候方便擦掉头上的汗水。山子瑶男服围巾有些像腰带，白色布料，红色刺绣，底端缀有流苏。围巾上有锯齿纹、X 菱形纹和手拉手人形纹。

坳

瑶

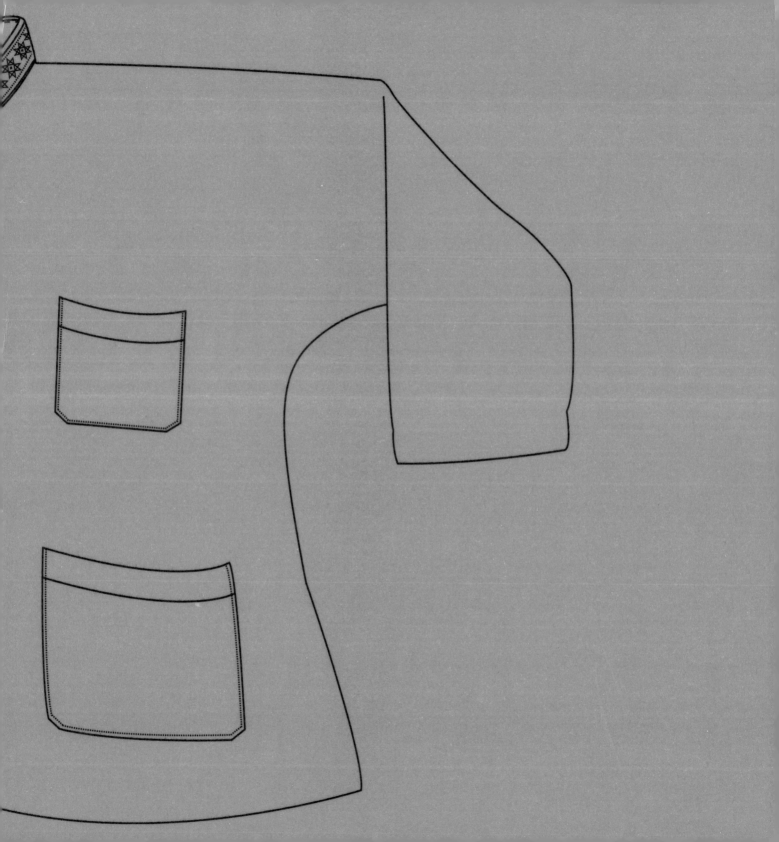

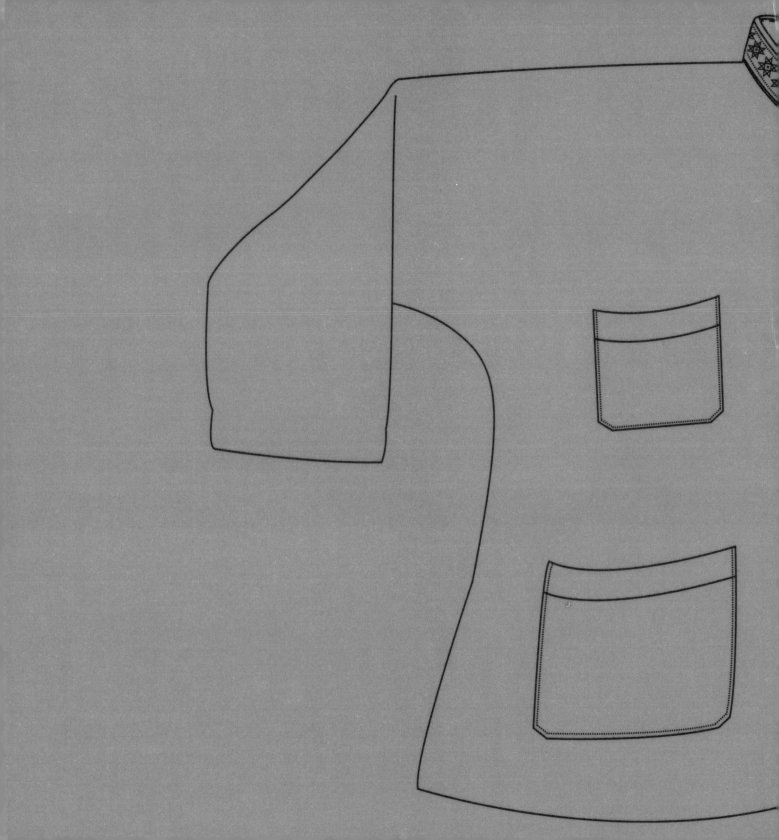

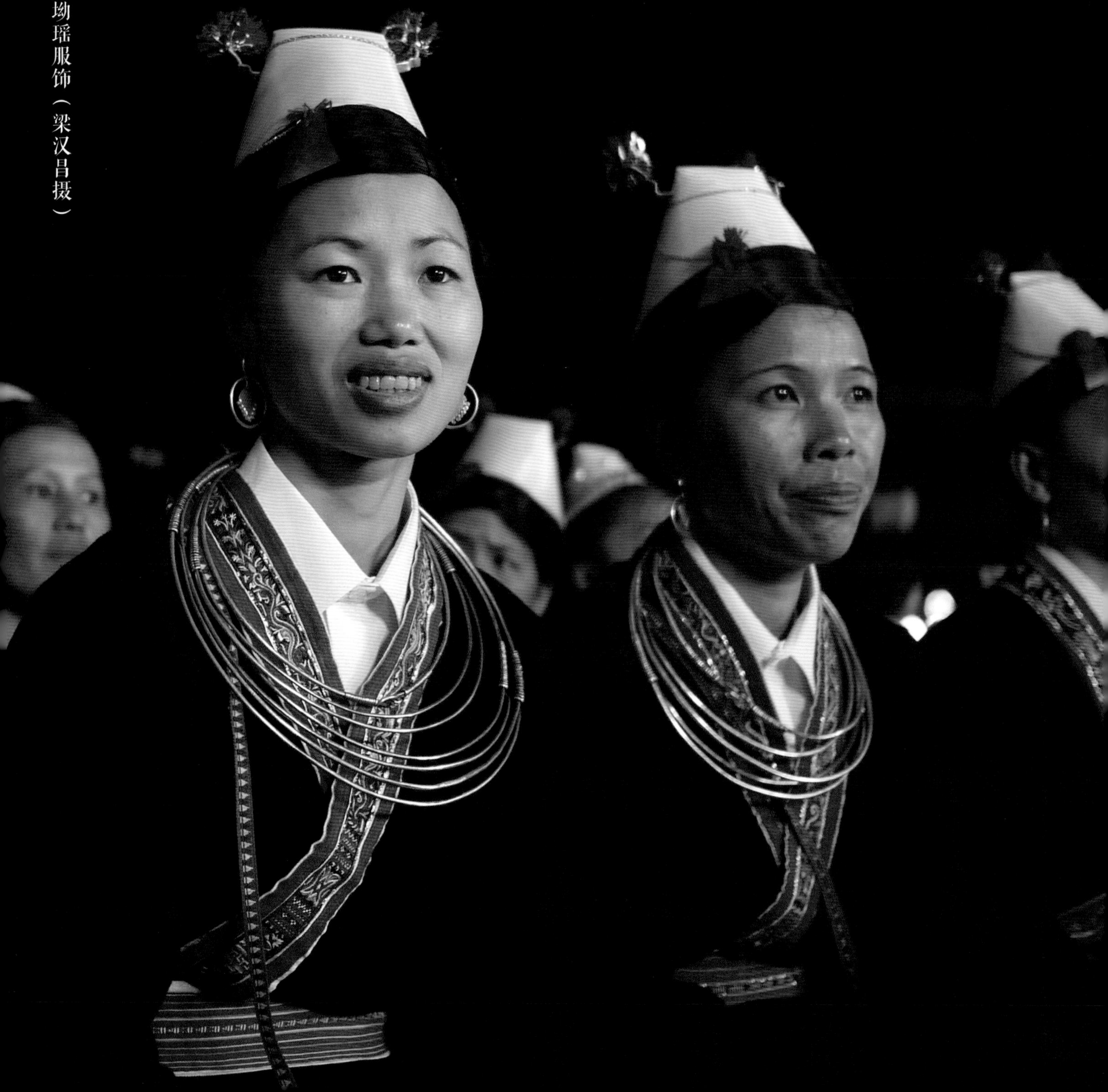

金秀坳瑶服饰（梁汉昌摄）

金秀坳瑶服饰（梁汉昌摄）

坳瑶

金秀坳瑶主要分布在东南部罗香、六巷和西南部大樟等乡内。在罗香乡的罗运、六娥、横村、罗香、公也、六团、龙军、琼五、那历、平贡，六巷乡的上古陈、下古陈，大樟乡的高秀、花炉、奔腾、瓮口、王田等村落均有人口分布。过去金秀坳瑶男子的头髻，不偏不倚地结在头顶正中，故称为坳瑶。其娱乐活动以"白马舞""黄泥鼓舞"最有名，逢年过节必跳。

坳瑶妇女服饰，具有浓厚的民族特色。坳瑶族女子留长发，在头顶上束发髻戴竹壳帽。竹壳帽是用笋壳折制而成，帽似梯形状，两侧绕一条银光闪闪的链条，并将铲形的银片插入额前发中加以装饰。妇女所戴的银饰较多，除头戴银饰外，还耳戴银耳环、头额边插银片、双手戴银镯和戒指、胸戴银项圈。项圈的品种较多，有麻花形、扁平形、圆条形、链条形、菱形，一般都刻有花纹图案，有的还刻有吉祥的字样。项圈大小及重量不一，佩戴方式也不一，有的只戴一个，有的戴三五个，大小重叠，形似瑶山坡上的层层梯田。

女子上身穿交领中长深蓝色布衣，衣襟饰有红边并绣有图案。扎白色绣花腰带，绣有精美图案的衣带垂吊于后腰上。女子下身为露膝短裤，小腿套腿套。坳瑶脚上过去一般穿布鞋、草鞋或打赤脚，无袜。

坳瑶男子过去头上盘发髻，在发髻中间插一个大银簪，两旁各插两个小银簪。用白布做成的长头巾绕髻缠扎，头巾中间及两端均绣有花纹，露髻在外。银饰主要有头钗、发钉、发针等。

坳瑶男子上身的服饰一般有3种：一种是无纽扣交领深蓝色布衣，束白色绣花腰带；另一种是无领衫，右衽大襟，有布纽扣或铜扣；再一种是立领、对襟、布纽扣，设两个兜。坳瑶男子下身一般穿深蓝色长裤，无花纹装饰。

坳瑶女服

帽饰 | 上衣 | 腰带 | 裤子 | 绑腿

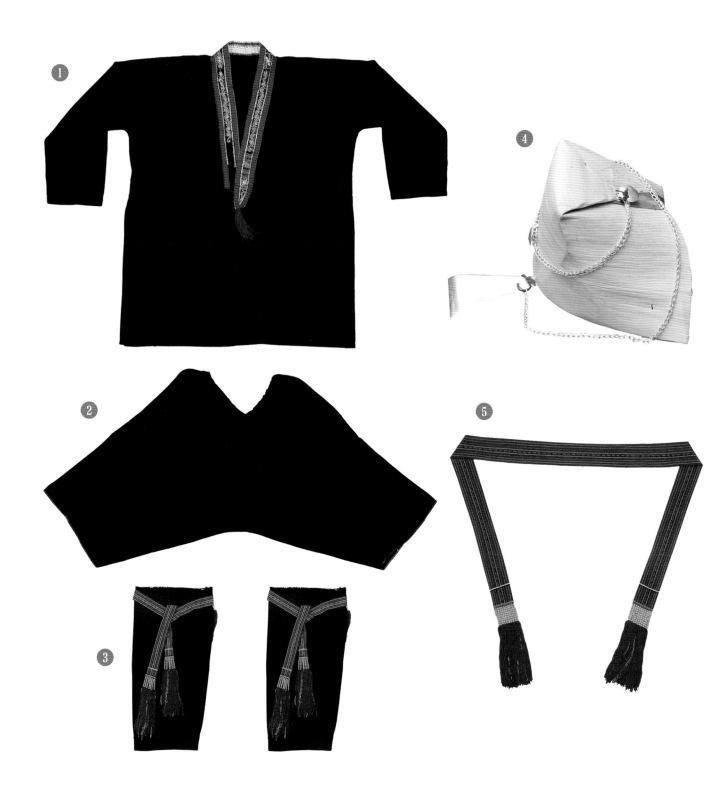

150

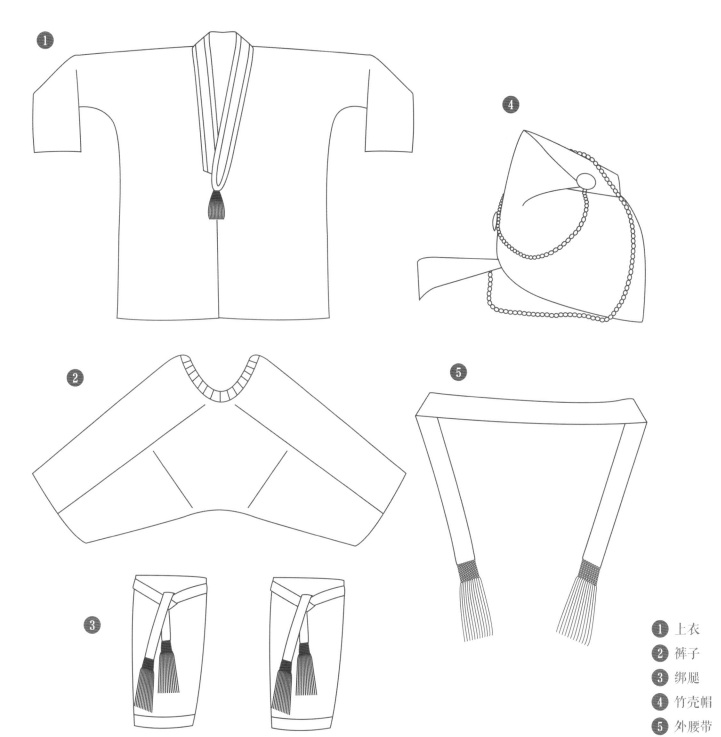

1 上衣
2 裤子
3 绑腿
4 竹壳帽
5 外腰带

【坳瑶女服·上衣】

坳瑶女服上衣对襟无领，衣襟刺绣有各种几何图案或花、虫、鸟、兽花纹，图案以龙凤纹、蝴蝶纹为主要内容，腰系腰带。

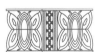

蝴蝶纹

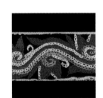

龙凤纹

【坳瑶女服·下装】

绑腿

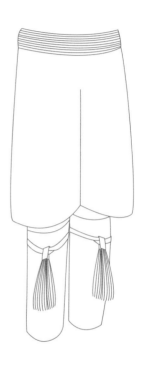

坳瑶女服的下装裤长及膝，小腿扎黑色布绑腿，再系上红色吊穗绑带。绑带为一条较细的红色带子，上面绣有一些简单的纹样，两端为两段流苏，由几排珠子系起来，十分精美。

【坳瑶女服·腰带】

勾勾花纹

八角花纹

内腰带细节

坳瑶女服腰带分为红、白色两条，白色为内腰带，两端绣有花纹，缀白色流苏，外边再缠一条红色外腰带，两端串银珠子，缀红色流苏，在背后打结参差坠下，简洁大方。内腰带上有勾勾花纹和八角花纹等图案。

外腰带

外腰带细节

【坳瑶女服·竹壳帽】

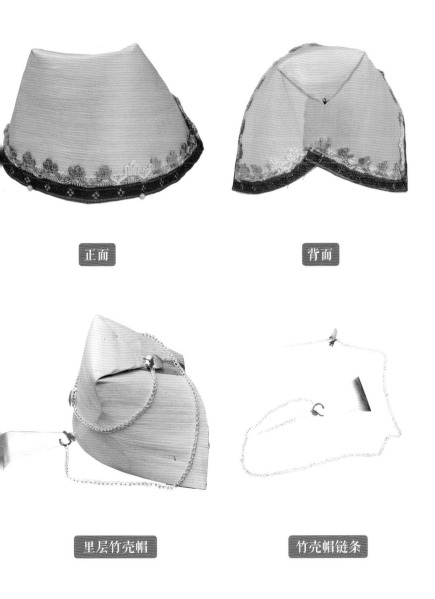

正面

背面

里层竹壳帽

竹壳帽链条

　　坳瑶妇女服饰最显著的标志是形如贝雷帽的竹壳帽。坳瑶女子长发盘于头顶，将竹笋壳做成的梯形竹帽戴在头上，盛装时在竹笋壳帽四周插上五枚竹簪，两侧缠绕上银链，并将铲形的银板插入额前发中。结婚时，新娘竹壳帽上缀满数十颗头钉，发顶端还插一对蝴蝶花。

坳瑶男服

头巾｜上衣｜裤子

金秀坳瑶男服

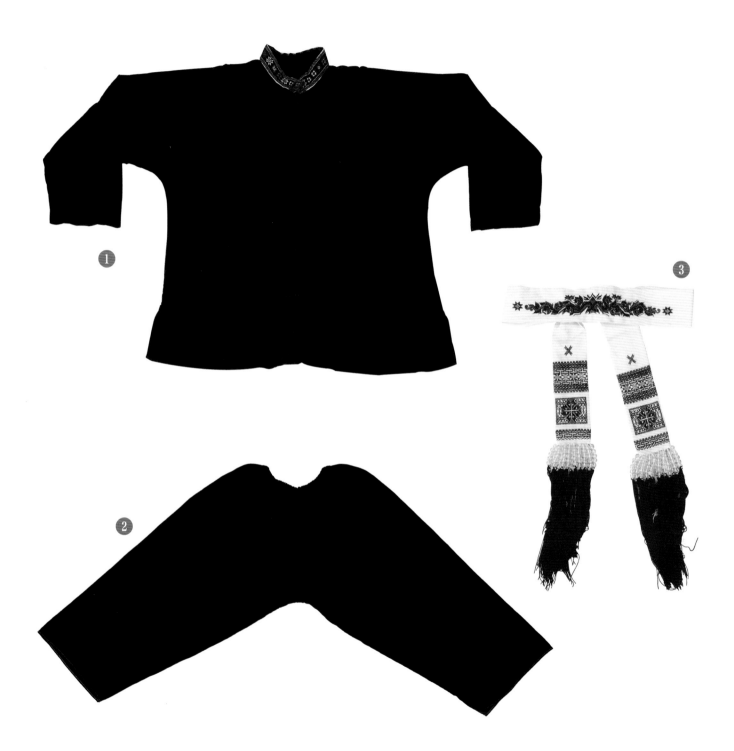

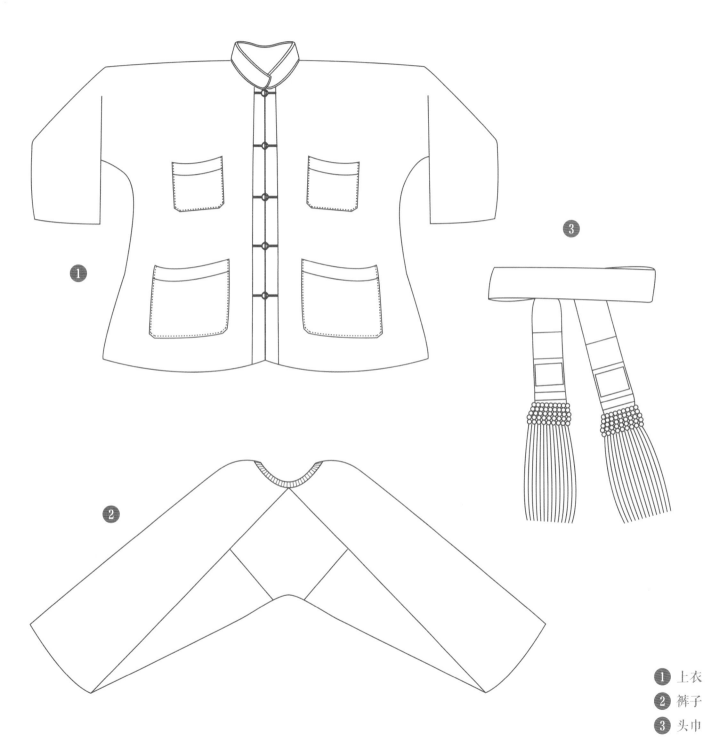

1 上衣
2 裤子
3 头巾

【坳瑶男服·上衣／裤子】

坳瑶男子的上衣与女服上衣式样相似，衣服多为黑色或深蓝色，衣领处绣有八角菱纹，腰系腰带。坳瑶男子的裤子是大裤筒，为日常装，劳作时也穿着，通体黑色，朴素大方，显现了坳瑶人民淳朴的民风。

裤子折叠状

八角菱纹

【坳瑶男服·头巾】

假花纹

过去坳瑶男子留长发、梳髻，髻上插有银质圆形小头针，髻结于脑正中，头缠白布头巾，头巾两端绣有几何图案花纹，头巾中间挑绣一种纪念盘王的假花纹为独特标记，头巾佩戴时花纹正好绑在前额，非常醒目。

后记

金秀这座躺在大瑶山深处的城市、群山环绕，这里有秀美的圣堂山、莲花山、五指山，泥土夯成的屋舍，倚山而建的村落，错落有致的房屋，曲径通幽的石阶、直冲云霄的古树，一一述说着大瑶山深处瑶族人民神秘而古老的传说。

四年前，去到金秀这个城市的时候，感觉这个城市很新、城市感比较强，原以为服饰生态沦丧，不想在街边随意转悠，却发现随时随地有身着民族服饰的妇女和老人在做手工艺，和这座城市给人的新的感觉有些不一样。这里的民族服饰保护得还算不错，不断改良和延续的民族服饰，让人看到了传承的希望，称之为世界瑶都确实是当之无愧。

同行的欧阳剑说，来金秀的24天，就是和金秀轰轰烈烈恋爱的24天。

当我们长途跋涉、浩浩荡荡地抗着沉重的拍摄设备跋山涉水深入到广西大瑶山、来到金秀县忠良乡三合村岭祖屯时，当地居民翻箱倒柜从箱底只拿出整个村里唯一的一套岭祖茶山瑶服饰，配饰还不齐全，甚至大部分村民都不知道怎么穿戴，最后还是在村里屈指可数的几位老人的争议声中才帮瑶妹穿戴整齐。这套服装已经成为濒临绝版用于拍照的道具。

这应该说是广西现存大部分村落少数民族服饰生存的现状，日常生活中已经罕见当地居民穿着少数民族服饰，即使是民族着盛装的节日，看到的也多数是经过现代工艺改造后的粗制滥造的舞台服饰，得到原汁原味的少数民族服饰已非常困难。因此，我们非常有必要记录并留存这些珍贵的少数民族服饰资料，图解穿戴方式及服饰结构，为少数民族服饰文化的传承尽一些绵薄之力！

由此，我们经过不断考证，编辑了《金秀瑶族服饰图鉴》这本资料集。特别感谢为此书进行美编设计的欧阳剑，感谢金秀瑶族博物馆肖茂兴馆长对本书编辑工作的大力支持，感谢一路同行的何颂飞老师，同时感谢伯咏归、白雪、寇雅宁、崔畅、耿浩远、李俊翰、王鹏同学，正是因为有了你们的付出，此书才得以编辑成册！同时要感谢广西金秀瑶族的赵凤香艺人、相凤花、蓝崎兵、盘志延、庞佩花、赵丽花等提供服装支持及着装拍摄，还有在此书照片中身着美丽民族服饰而叫不上名字的艺人们及朋友们，感谢你们！

北京服装学院 副教授 | 熊红云